AF273548

Inhaltsverzeichnis

Haltung und Zucht der europäischen Sumpfschildkröte (Emys orbicularis)

1. Allgemeines

Verbreitung

Das recht große Verbreitungsgebiet reicht von Mittelfrankreich über die östlichen deutschen Bundesländer, Polen, Weißrussland, die Ukraine und Russland bis zum Aralsee. Bis auf Skandinavien kommt bzw. kam die Emys orbicularis also in nahezu ganz Europa, aber auch in Nordwestafrika, sowie in Marokko und Tunesien, vor.

Lebensraum

Sie bewohnt die unterschiedlichsten Gewässerformen wie Sumpflandschaften, Auen, Seen, Tümpel, Bäche, Flüsse, Kanäle, Gräben. Die Emys orbicularis bevorzugt schwach fließende Gewässer mit weichem Bodengrund und üppiger Vegetation sowohl im Wasser als auch an den Uferrändern.

In freier Wildbahn ist die europäische Sumpfschildkröte (Emys orbicularis) äußerst scheu und flüchtet bei der geringsten Störung. Somit sind die Tiere nur selten zu beobachten. Die Emys orbicularis ist die einzige Schildkrötenart, die in die für diese Tierordnung eigentlich eher untypischen nördlichen Klimazonen Europas vordringt. Aus diesem Grund eignet sie sich auch in Deutschland besonders für die ganzjährige Haltung im Gartenteich.

Kennzeichen

Das äußere Erscheinungsbild von Emys orbicularis kann aufgrund des weiträumigen und unterschiedlich geprägten Verbreitungsgebietes stark variieren. Die Europäische Sumpfschildkröte hat einen ovalen, nur schwach gewölbten Rückenpanzer. Der bei Jungtieren stark ausgeprägte Rückenkiel bildet sich mit fortschreitendem Alter zurück und fehlt bei Alttieren ganz. Die Färbung des Carapax (Rückenpanzer) reicht von gelb- bis olivbraun über braun bis schwarz und weist eine Zeichnung aus unzähligen strahlenförmigen Linien oder Punkten auf. Der Bauchpanzer ist groß und hat zwischen Brust- und Bauchschilden ein bewegliches Scharnier, das bei Jungtieren flexibler als bei Alttieren ist. Die Farbe des Bauchpanzers variiert von einfarbig schwarz oder dunkelbraun bis gelblich, wobei jeder Schild schwarz umrandet ist. Die Grundfarbe von Kopf und Gliedmaßen ist schwarz, jedoch sind sie mit einer gelben, mehr oder weniger strahlenförmig angeordneten Punktzeichnung versehen. Der Schwanz ist sehr lang und zwischen den Zehen befinden sich gut entwickelte Schwimmhäute.

Alter

Die wissenschaftlichen Angaben zur möglichen Lebensdauer variieren zum Teil erheblich. So liegen diese zwischen 50 und 100 Jahren.

Größe und Gewicht

Die Größe variiert je nach (Unter-)Art und Geschlecht zwischen 12 und 30 cm Panzerlänge. Die Weibchen werden größer als die Männchen. Und die nördlichen Unterarten größer als die südlichen. Das Gewicht der Weibchen: bis zu 1.500 g.

Unterscheidung der Geschlechter

Die Männchen haben oft eine rötliche Iris, längere und dickere Schwänze als die Weibchen und einen konkaven Bauchpanzer (Plastron). Dieser erleichtert den Männchen das Aufreiten auf das Weibchen während der Paarung.

Die Iris der Weibchen ist gelb.

Das Geschlecht ist erst etwa im Alter von 4 Jahren erkennbar.

Fütterung

Das Futterspektrum der Emys orbicularis ist sehr vielseitig. Die Tiere fressen sowohl tierische, als auch pflanzliche Nahrung. Zum Beispiel: Regenwürmer, Wasserinsekten und deren Larven, toter Fisch in jeder Form, Wasserschnecken, Froschlaich, Kaulquappen, Molche, Frösche aber auch Aas wird gerne angenommen.

Der Autor füttert allerdings auch Katzenfutter, Tubifex und Stinte, die tief gefroren im Handel erhältlich sind.

Größere Brocken packt sie mit ihren hornigen Kiefern und reißt sie mit den Klauen der Vorderbeine in Stücke, die sie ganz verschlingt.

Entgegen den meisten Angaben in der Literatur ist sie nicht nur karnivor (fleischfressend), sondern nimmt in allen Altersstufen durchaus auch Wasserpflanzen zu sich, beispielsweise Wasserpest, Algen und Wasserlinsen. Im Kot wurden auch Samen der gelben Teichrose gefunden, wobei nicht ganz klar ist, ob diese zufällig mit anderem Futter aufgenommen wurden. Die europäische Sumpfschildkröte ist gelegentlich auch auf dem Land auf Beutesuche anzutreffen, frisst aber ausschließlich im Wasser. Das hängt damit zusammen, dass sie nur unter Wasser schlucken kann. Zum Fressen hält sie größere Nahrung mit den Vorderbeinen fest und reißt Stücke ab. Zum Schlucken stößt sie ruckartig den Kopf vor und der dabei eintretende Wasserstrom spült den Nahrungsbrocken in den Hals.

2. Haltung im Aquarium

Anforderungen an die Größe

Die Größe des Aquariums richtet sich nach der Größe und Menge der gehaltenen Tiere. Für 2 -3 adulte (ausgewachsene, geschlechtsreife) Tiere bedarf es mindestens einer Größe von 140cm x 60cm x 50cm. Bei der Haltung erwachsener Weibchen ist ein Landteil für die Eiablage unbedingt erforderlich.

Einrichtung

Viele Wurzeln und Wasserpflanzen als Unterwasser-Verstecke und Rastmöglichkeiten für die Nacht, vor allem auch direkt unter der Wasseroberfläche, damit die Tiere leicht zum Atmen an die Wasseroberfläche gelangen können. Da echte Wasserpflanzen meist sehr nicht sehr lange überleben, weil diese angefressen und/oder zerpflückt werden, kann man auch stabile Plastikpflanzen als Dekoration benutzen. Darüber hinaus dient ein gut befestigtes Stück Kork, ein Stein, der aus dem Wasser ragt oder eine Wurzel als Sonnenplatz. Als Bodengrund hat sich eine dünne Schicht Fluss- oder Quarzsand bei vielen Schildkrötenhaltern bestens bewährt. Der Sand bleibt überraschend sauber und lästige Mulmwolken, wie sie aus blanken Aquarien bekannt sind, entstehen nicht. Auch die Reinigung fällt bei wenig Sand und Kies wesentlich leichter. Spielsand ist weniger sinnvoll, da er häufig sehr lehmig ist und das Wasser trübt. Bei Haltung von erwachsenen Weibchen muss auch ohne Zuchtwunsch ein Eiablageplatz vorhanden sein.

Sonst kann es zur möglicherweise tödlich verlaufenden Legenot (weitere Erläuterungen zum Thema Legenot siehe unten) kommen.

Filterung

Eine große Filterleistung ist nötig, weil Wasserschildkröten sehr starke Wasserverschmutzer sind. Als Filtermedium eignet sich eine Kombination aus Schaumstoff, Lavabruch und Zeolith. Allerdings erfüllen auch die im Handel erhältlichen Filter mit herausnehmbaren Filterplatten ihren Zweck. Um eine Geruchsbelästigung zu vermeiden, gibt es im Fachhandel Substrat, das den Geruch wirkungsvoll bekämpft und für klares Wasser sorgt. Sehr gute Erfahrungen wurden vom Autor mit **„Easy Turtle von JBL"** gemacht.

Reinigungsintervalle

Ein ausreichend groß dimensionierter Filter sollte nur gereinigt werden, wenn die Durchflussleistung merklich nachgelassen hat, da bei jeder Reinigung der zum Schadstoffabbau benötigte Bakterienrasen auf dem Filtermaterial empfindlich gestört wird. Aus dem gleichen Grund sollte nur ein Teil des Filtermediums ausgetauscht und der Rest ausgewaschen werden.

Sollte das Leitungswasser gechlort sein, was heute aber nur noch wenige
Wasserwerke machen, muss man zum Auswaschen des Filtermediums Aquarienwasser verwenden, da das Chlor des frischen Leitungswassers ebenfalls zum Absterben der Bakterien führen würde.

Trotz guter Filterung wird ein etwa 50%er Teilwasserwechsel mit frischem
Leitungswasser etwa alle 2-4 Wochen fällig, denn die Endstufe des Eiweißabbauprozesses, Nitrat, wird in normalen Aquarienfiltern nicht entfernt. Ein handelsüblicher Nitrattest gibt Auskunft über die Nitratbelastung des Wassers. Wie viel Nitrat für Wasserschildkröten unbedenklich ist, ist unter Schildkrötenhaltern umstritten. Man sollte aber bedenken, dass natürliche Gewässer sehr nitratarm sind und natürliche Verhältnisse immer anzustreben sind. Für Trinkwasser und Fischaquarien gilt eine Obergrenze von 50mg/l, ein Wert, der allerdings schwer in Schildkrötenaquarien einzuhalten sein dürfte. Es ist auch ein häufiger Trugschluss zu glauben, verdunstetes Wasser wieder aufzufüllen komme einem Wasserwechsel gleich. Es verdunstet nur reines Wasser, die Schadstoffe bleiben zurück und werden beim Nachfüllen lediglich wieder auf das ursprüngliche Niveau verdünnt. Einige Schadstoffe können nur durch Wasserwechsel entfernt werden. Der Wasserwechsel sollte aber zur Schonung der Filterbakterien nicht gleichzeitig mit einem Filterwechsel durchgeführt werden. Es ist auch weder nötig noch ratsam, sämtlichen Mulm und Algenbewuchs in Becken und Schläuchen zu entfernen, da die eigentliche biologische Filterung hauptsächlich in der Mikroflora der Mulm- und Schlammschicht von Aquarium und Filter stattfindet. Eine Komplettreinigung des Beckens sollte, wenn alles eingefahren ist, nur sehr selten nötig werden. Ein ständig verschmutztes Becken ist ein Zeichen dafür, dass die Filterung

nicht stimmt. Wird das Aquarium nur in den Übergangszeiten betrieben und steht ansonsten leer, weil sich die Tiere im Freiland befinden, bildet sich kein stabiles Wasserverhältnis. Die Mikroflora muss jedes Mal neu aufgebaut werden, ein Prozess, der länger dauert als die Tiere normalerweise im Haus verbleiben. Dabei ist insbesondere die anfängliche Anhäufung des hochgiftigen Nitrits gefährlich, was häufigere Wasserwechsel und Reinigungsarbeiten nötig macht.

Beleuchtung
Grundsätzlich ist die natürliche Sonne durch kein Kunstlicht wirklich ersetzbar. Die Tiere sollten deswegen wenigstens die Sommermonate im Freien verbringen. Bei überwiegender Haltung im Aquarium sind die beste Wahl Halogen-Metalldampf-Lampen (Osram-HQI, besser noch HCI, jeweils Lichtfarbe NDL oder vergleichbare Produkte anderer Hersteller) oder PowerSun / Active UV Heat 160W in Verbindung mit ausreichend dimensionierten Tageslicht-Leuchtstoffröhren (z. B Osram Lumilux Daylight). Bei Leuchtstoffröhren sollte man elektronische Vorschaltgeräte (EVG) verwenden, da die Tiere das Flimmern der Röhren bei konventionellen Vorschaltgeräten wahrscheinlich stärker wahrnehmen als Menschen.
Werden die Tiere nur für eine kurze Übergangszeit zwischen Winterschlaf und Freiland im Aquarium gehalten, reicht eine Beleuchtung mit
Quecksilberdampflampen (z. B. HQL), die aber aufgrund ihrer schlechteren Lichtqualität nicht adäquat für eine ganzjährige Beleuchtung sind.

Hinweis

Halogen-Metalldampflampen sind keine einfachen Halogen-Baustrahler, wie man sie in Baumärkten bekommt, auch wenn sie ihnen äußerlich ähneln. Diese eignen sich aber aufgrund des zu hohen Rotanteiles im Lichtspektrum nicht als alleinige Terrarienbeleuchtung, allenfalls als zusätzliche Wärmestrahler für den Sonnenplatz. Bei teuren Leuchtmitteln sind leider sehr anfällig und zum Teil bereits nach kurzer Brenndauer kaputt. Das gilt vor allem für die 100 W Ausführung, die deshalb auch nicht zu empfehlen ist. Diese Lampen sind außerdem nur in Keramikfassungen und mit sehr weiten Lampenschirmen zu betreiben, da sonst die Gefahr von Überhitzung besteht und die Lampen durch das ständige Ein- und Ausschalten eine wesentlich kürzere Lebensdauer haben.

Beleuchtungsdauer

Sie richtet sich der Jahreszeit entsprechend nach der natürlichen Tageslichtzeit. Bei sehr dunkler Aufstellung des Aquariums im Keller sollte mittels Kombination mehrerer Lampen eine Dämmerung nachvollzogen werden und eine Glimmlampe zur Orientierung in der Nacht als "Mond" dienen.

UV-Bestrahlung

Bei mindestens halbjährigem Freilandaufenthalt und abwechslungsreicher, natürlicher Ernährung während der Übergangszeit kann auf eine zusätzliche UV-Versorgung verzichtet werden. Bei ganzjähriger Haltung im Aquarium entweder PowerSun 160W (ganztägig) oder OSRAM Vitalux/Radium Sanolux (etwa 20 min) einsetzen, sonst kann es zu rachitischen Panzer- und Skelettverformungen kommen.

Wassertemperatur
In der Übergangszeit muß das Wasser nicht geheizt werden. Es reicht Zimmertemperatur. Werden die Tiere ganzjährig im Aquarium gehalten, dann sollte die Wassertemperatur im Hochsommer ca. 25-27 °C betragen, die Heizung aber nachts abgestellt werden. Emys reagieren, wie viele Wasserschildkröten, nicht sonderlich empfindlich auf Temperaturunterschiede. Wenn sie sich gesonnt haben und zurück ins Wasser springen, bedeutet das nicht selten eine plötzliche Abkühlung um mehr als 10 °C.

Lufttemperatur
Bei normaler Zimmertemperatur muss das Aquarium nicht zugedeckt werden. Es reicht, wenn die Tiere vor Zugluft geschützt sind, da es sonst leicht zu einer Lungenentzündung kommen kann. Gelegentlich wird gefordert, dass die Lufttemperatur nicht niedriger als die Wassertemperatur sein darf. Das ist jedoch bei geheiztem Wasser und ohne Abdeckung nicht zu verwirklichen, da die Infrarot-Strahlung der eingesetzten Lampen die Luft kaum erwärmt, sondern vor allem die feste Materie aufheizt. Es ist auch nicht erforderlich, da diese Situation in der Natur regelmäßig vorkommt, nämlich abends und bei Wetterumschwüngen.

Sonnenplatz
Ideal für einen Sonnenplatz sind ca. 40°C, Strahlungs-, nicht Lufttemperatur. Wichtig sind geeignete Messfühler. Terrarien-Thermometer mit durchsichtiger Abdeckung verfälschen unter Umständen das Messergebnis aufgrund eines Hitzestaus.

3. Freilandhaltung

Bau eines Schildkrötenteiches

Beim Bau und Anlegen eines Schildkrötenteiches sind einige wesentliche Dinge zu beachten!

Der Teich darf im Winter auf keinen Fall bis auf den Boden durchfrieren, da die Tiere dort in einer Art Starre den Winter verbringen. Um eine komplette Durchfrierung zu vermeiden, muss der Teich dementsprechend mindestens 1,20 m tief sein.

Außerdem sollte der Teich mit einer „ausbruchssicheren" Umrandung versehen werden! Auch wenn man das den Emys nicht zutraut sind sie geschickte Kletterer, die spielend Hindernisse wie Maschendrahtzäune überwinden können. Man hat schon Emys auf Augenhöhe in Büschen sitzen sehen.

Ein weiterer Vorteil einer Umzäunung ist, dass Ratten, Katzen und Vögel, die sich gern an den Jungtieren, aber auch mal an Alttieren zu schaffen machen, ferngehalten werden.

Wird eine erfolgreiche Zucht angestrebt, so sollten den Weibchen geeignete Eiablageplätze geboten werden. Dazu sollte ein schräg nach Süden geneigter Hang aus einem lockerem Sand/Torf-Gemisch angelegt werden.

Eventuell ist es von Vorteil, einen zweiten, kleinen Teich als Fluchtmöglichkeit für unterlegene Männchen anzubieten.

Beispiel für eine geeignete Umzäunung; wichtig ist die Abdeckung der Ecken!!

Der Teich sollte so angelegt werden, dass ihn die Tiere an jeder Stelle leicht verlassen können. Das ist gerade nach der Winterruhe überlebenswichtig, denn die gerade erwachten Tiere sind oft orientierungslos und wandern, statt zu schwimmen, an die Wasseroberfläche, um zu atmen. Besonders bei Jungtieren kann dies zu einer erheblichen Dezimierung kommen. Dies kann und sollte vermieden werden. Dazu sollte die tiefste Stelle in der Mitte des Teiches liegen und zum Rand hin sollte die Tiefe beständig abnehmen, so dass die Tiere laufend vom tiefsten Punkt an die Teichoberfläche gelangen können.

Da Teichfolie zu glatt für die Tiere ist, sollte darauf geachtet werden, einen

Bodengrund (z. B. Zement) einzubringen, um eine gewisse Griffigkeit zu

gewährleisten.

Es sollten möglichst viele Sonnenplätze vorhanden sein, wie Äste, die ins Wasser ragen oder Steine, die von den Tieren erklommen werden können. Durch die ausgedehnten Sonnenbäder bringen sich die Tiere auf „Betriebstemperatur". Außerdem sind diese für die körpereigene Vitamin-D-Synthese lebenswichtig. Die Sonnenplätze müssen so angelegt werden, dass sich die Tiere bei Gefahr ganz einfach ins Wasser fallen lassen können, um sich vor möglichen Fressfeinden zu verstecken.

Standort des Teiches

Der Teich sollte an einer ganztägig besonnten Stelle angelegt werden. Eventuell sollten Vorkehrungen zum Abhalten des Windes getroffen werden.

Zusätzliche Fütterung

Nur in den wenigsten Fällen dürfte das natürliche Nahrungsangebot im Teich zur Ernährung der Emys orbicularis ausreichend sein. Dem entsprechend sollte zugefüttert werden. Dazu eigen sich tote Fische, Regen- und Tauwürmer. Aber auch pflanzliche Kost, wie z. B. Seerosenblätter und/oder Wasserlinsen sollten angeboten werden.

Außerdem hat sich Katzennassfutter als geeignet herausgestellt. Die Tiere des Autors fressen dieses direkt von der Gabel.

Überwinterung

Grundsätzlich ist es so, dass die Tiere den Winter über im Teich verbleiben können. Sie fallen in Winterstarre (Hibernation). Für eine erfolgreiche Zucht ist diese Hibernation von entscheidender Bedeutung, denn diese hat Einfluss auf den gesamten Stoffwechsel und Hormonzyklus der Tiere. Allerdings birgt die Überwinterung im Teich immer ein gewisses Risiko, dass es unter den Tieren zu Todesfällen kommt, weil im Teich der nötige Sauerstoff fehlt oder ein Tier vor der Winterruhe bereits etwas kränklich war. Wer dieses Risiko verringern möchte, kann die Tiere auch im Kühlschrank bei einer Temperatur von 4°C bis 6°C zwischen November und April über den Winter bringen.

Ideale Bepflanzung

Z. B. Tausendblatt (Myriophyllum spicatum) und Froschbiss (Hydrocharis morsus-ranae).

Aber da die Emys orbicularis keine großen Ansprüche an die Bepflanzung stellt, eignen sich auch diverse andere Pflanzen. Wichtig ist vor allem, dass die Pflanzen den Tieren reichlich Versteckmöglichkeiten bieten und ungiftig sind!

Emys orbicularis beim Sonnenbad

Vergesellschaftung mit anderen Tieren

Die Vergesellschaftung mit Fischen, die eine gewisse Größe erreicht haben, stellt kein Problem dar, da die Emys die Fische nicht jagen werden. Allerdings fallen kleinere und kranke Fische schnell dem großen Appetit der Emys zum Opfer.

4. Paarungsverhalten

Allgemeines

Einige Züchter empfehlen, die unterschiedlichen Geschlechter ganzjährig getrennt zuhalten und nur nach der Winterruhe im Frühling kurzzeitig zusammen zusetzen. Dies hat nicht nur den Vorteil, dass die Weibchen nicht Opfer der dauernden Paarungsbereitschaft der Männchen sind (im Frühling also "kooperativer" sind), es findet auch keine "Reizüberflutung" durch permanentes Vorhandensein der jeweiligen Lockstoffe statt. Die Trennung der Geschlechter ist Geschmacksache; der Autor hat die Erfahrung gemacht, dass adulte Emys-Männchen recht aufdringliche Liebhaber sind und hält seine männlichen Tiere getrennt in separaten Aquarien. In der Freilandhaltung sollten für die Weibchen genügend Rückzugsmöglichkeiten bestehen, um vor den aufdringlichen Böcken" Ruhe zu haben.

Geschlechtsreife

Die Männchen werden im Alter von etwa fünf bis sechs Jahren geschlechtsreif. Dann haben diese eine Panzerlänge von etwa 12 cm. Die Weibchen erreichen die Geschlechtsreife zwischen dem achten und dem zehnten Lebensjahr und einer Panzerlänge von etwa 15 cm. Für eine Zuchtgruppe aus zwei Männchen und mehreren Weibchen sollte die Wasseroberfläche etwa 8 – 10 qm betragen. Studien haben gezeigt, dass es zwischen den Männchen, besonders während der Paarungszeit, eine Hierarchie gibt. Dann gibt es zum Teil sehr heftige Territorialkämpfe, die sich in Beißen, Rammen und ähnlichem Dominanz- und entsprechendem Unterwürfigkeitsverhalten äußern.

Paarungszeit

Die Hauptpaarungszeit beginnt nach Beendigung der Winterruhe zwischen Februar und Mai, jedoch wurden auch schon Paarungen im September und Oktober beobachtet.

Die Balz und die Paarung

Ist ein Weibchen bereit für die Paarung, verströmt es Pheromone, die die Männchen anlocken. Sowohl Männchen als auch Weibchen bevorzugen große Partner. Bei der Balz nähert sich das Männchen normalerweise dem Weibchen frontal und beißt diesem in Gesicht und Nacken. Die Männchen treiben die Weibchen im Wasser vor sich her, reiten auf und klammern sich am Carapax (Rückenpanzer) fest.

Mit schwingenden Kopfbewegungen und Schnappen bringen sie die Weibchen dazu, den Kopf einzuziehen, was dazu führt, dass der Schwanz umso weiter aus dem Panzer ragt, so dass der Penis eingeführt werden kann.

Eiablage

Die Eiablage beginnt etwa 4 bis 6 Wochen nach der Paarung. Voraussetzungen für eine Eiablage ist zuerst eine gute und abwechslungsreiche Ernährung. Des Weiteren sollte Stress, der durch eine Überbesetzung mit Tieren entsteht, vermieden werden. Sind zu viele Tiere im Teich, sorgt der Stress dafür, dass das Futter nur schlecht aufgenommen werden kann.

Die Eiablage beginnt Mitte Juni, wenn die Tageshöchsttemperatur
25 °C beträgt und sich ein warmer Abend anschließt mit einer
Temperatur von nicht weniger als 20 °C.

Eiablageplatz

Für die Eiablage werden trockene, sandige, der Sonnenwärme
ausgesetzte Stellen benutzt, die nur schwachen Bewuchs aufweisen.
Nach Süden orientierte Hänge, Böschungen, Waldränder etc. werden
bevorzugt. Meist wandern die Weibchen jedes Jahr zu denselben
Ablageplätzen. Gelegentlich werden auch weniger geeignete Stellen
mit feuchtem oder schlammigem Boden aufgesucht, ja sogar Äcker
oder ungeteerte
Straßen werden oft nicht verschmäht. Auf der Suche nach einem
geeigneten Eiablageplatz können die Weibchen große Strecken
zurücklegen. In der Regel sind die Nester aber weniger als 500 m vom
Gewässer entfernt, in dem die europäischen Sumpfschildkröten (Emys
orbicularis) leben.

Zeitpunkt der Eiablage

Das Weibchen verlässt den Teich bereits in den Vormittagsstunden
und macht sich auf die Suche nach einem geeigneten Eiablageplatz.
Die Eiablage findet dann in den Nachmittags- und Abendstunden
statt. Da die Tiere in dieser Zeit besonders sensibel auf Störungen
reagieren und sich ggf. wieder in den Teich zurückziehen, sollten
jegliche Störungen durch andere Tiere oder andere Faktoren
möglichst vermieden werden.

Zuerst wird mit den Hinterbeinen in mühsamer Arbeit eine etwa zehn
Zentimeter tiefe Nesthöhle ausgegraben, die sich unter einer engen
Öffnung birnenförmig erweitert. Die Eier werden mit den

Hinterbeinen sorgfältig verteilt. Harter Boden kann mit Wasser, das die Schildkröte in paarigen Analsäcken mitführte, aufgeweicht werden. Nach der Ablage wird das Nest sorgfältig verschlossen und der Boden verfestigt, so dass die Stelle nur noch für kurze Zeit an der etwas dunkleren Färbung der Erde zu erkennen ist.

Größe und Menge der gelegten Eier

Die elliptischen Eier sind etwa 20-25 mm lang, sechs bis zehn Gramm schwer und haben eine weiche, ledrige Haut.

Die Angaben über die Gelegegrößen variieren zum Teil erheblich.

Es werden bis zu 18 Eier gelegt, im Durchschnitt jedoch zwischen 8 und 10. Auch Gelege mit mehr als 20 Eiern wurden schon gefunden. In den nördlichen Teilen des Verbreitungsgebietes ist die durchschnittliche Anzahl Eier pro Ablage größer, in den südlichen ist sie kleiner, dafür folgt meist ein zweites Gelege im Sommer.

Auswirkung der Bruttemperatur auf das Geschlecht der Jungtiere

Wie bei vielen anderen Reptilien spielt die Bruttemperatur auch bei der Emys orbicularis eine wichtige Rolle hinsichtlich des Geschlechtes der Jungtiere. Liegt die Temperatur unter 28,5°C gibt es mehr männliche Jungtiere; liegt die Temperatur darüber, gibt es mehr weibliche.

Schlupf der Jungtiere

Die Jungtiere schlüpfen im Spätsommer nach etwa 80-120 Tagen und verlassen das Nest, um das nächstliegende Gewässer aufzusuchen, wo sie sich am liebsten in dichter Unterwasservegetation aufhalten. In den nördlichen Arealteilen verbleiben sie bis zum folgenden Frühjahr im Boden, d.h. die Eier überwintern im Boden.

Mit Hilfe des Eizahnes auf der Schnauzenspitze ritzen die Schlüpflinge die Eischalen in der Nähe eines Ei-Poles an und strecken oft zuerst einmal nur die Schnauze oder einen Arm heraus.

5. Bau und Nutzung eines Inkubators

Bau eines Inkubators

Man legt eine mit Löchern versehene Plastikplatte oder Hasendraht auf stabil im Wasser platzierte Steine und darauf einen Behälter mit Substrat. So kann kein nichts umkippen und durch das Gitter kann die Luft gut zirkulieren. Ins Substrat kommen dazu noch Sensoren um die Temperaturen zu überwachen und zu steuern. Der Heizstab im Wasser sorgt für die nötige Wärme und Luftfeuchtigkeit und wird über den Thermostat reguliert. Um das Klima zu halten werden das Aquarium und die Behälter abgedeckt, aber so dass kein Kondenswasser auf die Eier tropfen kann und noch Frischluft eindringt. Man kann dazu die Deckplatte einen Spalt breit offen lassen, oder an einer schmalen Seite im Aquarium mit Silikon kleine Halter anbringen und die Platte schräg einlegen, die Kabel sorgen dabei für den Lüftungsschlitz. Zuletzt verkleidet man die Außenseiten mit Styroporplatten. Wahlweise kann man stattdessen auch eine Kühlbox verwenden, da diese natürlich ideal sind um die Innentemperatur dauerhaft zu halten. Die Temperatur sollte etwa bei

27-30°C und die Luftfeuchtigkeit bei etwa 90% liegen. Wie oben angeführt (siehe: **Auswirkung der Bruttemperatur auf das Geschlecht der Jungtiere)** hat die Bruttemperatur einen wesentlichen Einfluss auf das Geschlecht der Schlüpflinge und ist dementsprechend regelmäßig zu überprüfen und ggf. nachzuregulieren.

Nutzung des Inkubators

Sobald das Gelege vorsichtig freigelegt wurde, empfiehlt es sich, die Oberseite der Eier vorsichtig zu markieren. Die Eier dürfen nicht gedreht werden und falsch herum im Substrat liegen, weil sich der Embryo sonst nicht optimal entwickeln oder im schlimmsten Fall absterben kann.

Als Substrat, das während der Inkubation feucht gehalten werden muss, eignet sich besonders gut „Seramis", „Vermiculit" oder ein Erde-Kokosfasergemisch.

6. Krankheiten

Lungenentzündung: Tiere, die bei zu kühlen Lufttemperaturen gehalten werden, laufen sehr schnell Gefahr, eine Lungenentzündung zu bekommen. Eine Behandlung ist schwierig und führt sehr oft zum Tod des Tieres.

Bissverletzungen: Durch rivalisierende oder werbende Männchen (Schwanz, Beine). Stressbedingte Erkrankungen: Bei Überbesetzung, dominierende Männchen. Transportschäden am Panzer.

Rachitis: vorsorglich sollten Kalkpräparate verabreicht werden (z. B. zerstoßene Eierschalen)

Legenot: Die Legenot stellt für das tragende Weibchen eine tödliche Gefahr dar und muss umgehend durch einen Fachmann behandelt werden.

Ursachen für Legenot
- fehlende Eiablageplätze
- zu kalte Haltung
- psychische Faktoren (Stress durch z.B. falsche Gruppenzusammensetzung, Störungen   während der Eiablage)
- organische Probleme
- plötzlicher Temperatursturz in der Freilandanlage

Symptome
- plötzliches Einstellen der Legetätigkeit
- apathisches Verhalten

Maßnahmen bei Legenot
Abklärung eventuell durch Röntgenaufnahmen. Bei genauer Diagnose kann durch den Tierarzt mit Oxytocin und Calciuminjektion die Eiablage eingeleitet werden. Nach Verabreichung der Medikamente wird das Tier am besten in ein lauwarmes Wasserbad gesetzt. Die Eiablage erfolgt dann eventuell schon nach 30 Minuten.

7. Die Unterarten der Emys orbicularis

Die Europäische Sumpfschildkröte Emys orbicularis hat ein sehr großes
Verbreitungsgebiet und dies hat zur Folge, dass sich im Laufe der Zeit
verschiedene Unterarten herausgebildet haben. Der Fachwelt sind
zurzeit 14 bekannt.

Diese lassen sich verschiedenen Subspeziesgruppen zuordnen. In
naher Zukunft werden aber sehr wahrscheinlich weitere Unterarten
beschrieben werden können.

occidentalis-Unterartgruppe

Emys orbicularis occidentalis (Fritz, 1993)

Emys orbicularis hispanica (Fritz, Keller & Budde, 1996)

Emys orbicularis fritzjuergenobsti (Fritz, 1993)

galloitalica-Unterartgruppe

Emys orbicularis galloitalica (Fritz, 1995)

Emys orbicularis lanzai (Fritz, 1995)

Emys orbicularis capolongoi (Fritz, 1995)

hellenica-Unterartgruppe

Emys orbicularis hellenica (Valanciennes, 1832)

Emys obicularis iberica (Eichwald, 1831)

Emys orbicularis persica (Eichwals, 1831)

orbicularis-Unterartgruppe

Emys orbicularis orbicularis (Linnaeus, 1758)

Emys orbicularis colchica (Fritz, 1994)

Emys orbicularis eiselti (Fritz, Baran, Budak & Amthauer, 1998)

luteofusca-Unterartgruppe
Emys orbicularis luteofusca (Fritz, 1989)

Emys orbicularis ingauna

Die 1994 von Fritz beschriebenen Unterarten ***Emys orbicularis kurae*** und ***Emys orbicularis orientalis*** sind jüngere Synonyme der 1831 von Eichwald als ***Emys europea var. iberica*** und ***Emys europea var. persica*** beschrieben Tiere. In der systematischen Zoologie gilt aber die Regel, dass immer der zuerst vergebene Name gilt.

8. Vorkommen in Deutschland

In Brandenburg gibt es eines der letzten Vorkommen der Emys orbicularis. Ungefähr 150 Tiere leben dort in der Uckermark, im Havelland und im Fürstenberger Seengebiet. Erfreulicherweise ist dieses Vorkommen nicht nur stabil, sondern es wächst sogar.

9. Gesetzliche Bestimmungen für die Haltung und Zucht der Emys orbicularis

Emys orbicularis sind nicht im Washingtoner Artenschutz Abkommen aufgeführt, gehören aber nach dem Anhang IVa der Umwelt-Richtlinie "Lebensräume" der Europäischen Gemeinschaft von 1992 zu den "streng zu schützenden Tierarten von gemeinschaftlichem Interesse". Für Wildtiere gilt daher ein absolutes Tötungs-, Fang-, Handels- und Haltungsverbot, das alle Lebensstadien, also auch Eier, einschließt. Darüber hinaus dürfen weder Ruhe- noch Eiablageplätze zerstört werden. Tiere, die vor Inkrafttreten dieser Richtlinie gefangen wurden und deren Nachzucht, sind davon ausgenommen. Für diese besteht aber nach dem Bundesartenschutzgesetz eine Anzeigepflicht, d.h. Erwerb und Abgabe müssen unverzüglich unter Vorlage eines Herkunftsnachweises (genaue Angaben über Zahl, Art, Alter, Geschlecht, Herkunft, Standort und Kennzeichen der Tiere) den zuständigen Behörden gemeldet werden.

Schutzbedürftigkeit der Europäische Sumpfschildkröte (Emys orbicularis)

Die Europäische Sumpfschildkröte (**Emys orbicularis**) war bis zur Mitte des 18. Jahrhunderts in Deutschland weit verbreitet. Durch die zunehmende Besiedelung, der Trockenlegung von Feuchtgebieten und die Torfgewinnung nahm ihre natürlichen Habitate jedoch bedauerlicherweise ständig ab.

Sehr zahlreich kam sie jedoch noch in der Brandenburger Seenplatte vor - zumindest bis zum Anfang des 18.Jahrhunderts, als findige Kaufleute in sehr zweifelhafter Bibelauslegung auf die Idee kamen, die vorwiegend katholischen Gebiete Süd- und Westdeutschlands während der Fastenzeit mit Schildkröten zu beliefern. Der Verzehr von diesem Schildkrötenfleisch war im alten Testament nicht ausdrücklich verboten, so wurden die Tiere Wagenladungsweise auf die Reise geschickt. So lange, bis kaum noch eine Schildkröte in Brandenburg gefunden wurde. Die vereinzelt heute noch dort vorkommenden Tiere entstammen dieser Restpopulation. Im übrigen Europa trifft man noch hier und dort auf Emys orbicularis - vor allem im Gebiet des ehemaligen Jugoslawiens, Rumänien, Bulgarien, Spanien und der Türkei. Diese Tiere stehen weltweit unter strengstem Naturschutz und stehen auf Anhang II des Washingtoner Artenschutzabkommens und bedürfen besonderer Schutzmaßnahmen.

10. Zoos, die Emys orbicularis zeigen

Der interessierte Leser kann die europäische Sumpfschildkröte (Emys orbicularis) in folgenden Zoos beobachten:
Berlin-Tierpark, Bochum, Bremerhaven, Chemnitz, Dresden, Frankfurt, Innsbruck, Kronberg, München, Nordhorn, Nürnberg, Salzburg, Schwerin, Stralsund, Straubing, Stuttgart, Wien, Wuppertal, Zürich, Bern

11. Schutzprojekte

Deutschland
Das Artenschutzprogramm zur Rettung der Europäischen Sumpfschildkröte Emys orbicularis in Mecklenburg-Vorpommern

- Im Projekt soll schwerpunktmäßig die Verbreitungssituation hinsichtlich autochthoner und allochthoner Vorkommen in Verbindung mit der jeweiligen Populationsgröße/-struktur abgeklärt werden.

- Um entsprechende Schutzvorkehrungen insbesondere zur Sicherung der Reproduktionserfolges bzw. der Generationsfolge treffen zu können; bis zum Jahre 2000 lagen keinerlei Arbeiten bzw. Untersuchungen für Mecklenburg-Vorpommern vor.

- Projektträger: StAUN Neubrandenburg und NPA Müritz (zurückgezogen schon in der Anfangsphase), Projektstart: Sommer 2000, Projektdauer: 5 Jahre, Gebiet: Landkreis Mecklenburg-Strelitz und Landkreis Müritz

- In Anlehnung an das Brandenburger Modell, welches 1993/1994 vom Landesumweltamt Brandenburg zum Schutz der letzten autochthonen Populationen geschaffen wurde.

Inhalt des Artenschutzprogramms

- Sicherung, Prüfung und Analysen der historischen Nachweise; Auswertung der Literaturquellen und Berücksichtigung der Hinweise aus der Bevölkerung

- Sondierung der Gewässerstruktur außerhalb der Vegetationsperiode und Sichtbeobachtungen am Gewässer ab Ende März bis Mai (geringe Vegetationsdeckung)

- Vorbereitung und Durchführung von Fangaktionen im Mai bis Anfang Juni mittels Dreikammerreusen mit dem Ziel der Bestandskontrolle (Wiegen, Messen, Fotografieren, genetische Untersuchungen) und Besenderung ausgewählter autochthoner Tiere.

- Markierung (Sender am Tier anbringen) und Telemetrie um die Aufenthalte, Wanderungen, Eiablageplätze und Überwinterungsplätze der Tiere zu finden.

- Erfassung der Habitate durch Kartierung der Wohngewässer, Eiablageplätze und Wanderrouten, Gewässer-Parameter, Besonnung, Windexposition, Gefährdungen durch Prädatoren

- Renaturierung der Gewässer und Vorbereitung der Wiederbesiedlung
Quelle: www.emys-orbicularis.de

Heinz Sielmann Stiftung
Schutz der Europäischen Sumpfschildkröte – vom Aussterben bedroht
Die Heinz Sielmann Stiftung engagiert sich seit 2003 für den Schutz der Europäischen Sumpfschildkröte in Nordostdeutschland. Mit den Mitteln der Stiftung werden Flächen, in denen Sumpfschildkröten noch vorkommen, gekauft und gepflegt. Im Labor erbrütete Jungtiere werden aufgezogen und ausgewildert.

12. Literaturempfehlungen:

CHRIST, P.: Nachzucht der Europäischen Sumpfschildkröte im Zimmerterrarium, DATZ, 32 (1): 26-27

FRITZ, Uwe: Handbuch der Reptilien und Amphibien Europas – Schildkröten (Testudines) I., Aula Verlag, Wiebelsheim

FRITZ, Uwe: Die Europäische Sumpfschildkröte. Laurenti Verlag, Bielefeld 2003
KALTER, Günter: Emys orbicularis: Ein Gartenteich für Europäische Sumpfschildkröten

MAYRHOFER, Leopold: Emys for your biotop; www.emys.at

MÜLLER, Veronika; SCHMIDT, Wolfgang: Schildkröten im Gartenteich, 2. neu bearbeitete Auflage, Münster 2002

PAWLOWSKI, S.: Bemerkungen zur Nachzucht der Europäischen Sumpfschildkröte, Emys orbicularis (Linnaeus 1758) bei kombinierter Terrarien- und Freilandhaltung – elaphe, Rheinbach, 11(1): 30 – 36.

RÖSSLER; M.: Aktuelle Situation, Gefährdung und Schutz der Europäischen Sumpfschildkröte *Emys orbicularis* (L.) in Österreich. - Stapfia, Linz, Bd. 69: 169-178

SCHNEEWEISS, Norbert: Letzte Chance für die Sumpfschildkröte - Ein NABU-Projekt in Brandenburg. - Naturschutz heute, Bonn, 2/95: 36-37.

Zeitschrift Marginata
www.ak-emys-mauremys.de
www.wikipedia.de

13. Varia

Emys orbicularis auf Briefmarken

Österreich

Weißrussland

Slowenien

Ungarn

Polen

Emys orbicularis auf Münzen

Polen

Herstellung und Verlag:
BoD-Books on Demand, Norderstedt
ISBN: 978-3-8482-5240-4